1970年代〜80年代
関西の国鉄アルバム

写真　野口昭雄
文　牧野和人・生田 誠

向日町運転所で出区を待つキハ82系。特急「白鳥」のヘッドサインを掲げた姿を見上げると迫力満点。後ろに583系、485系を従え、先輩特急用車両として威厳を誇示するかのような表情だった。◎1970年8月2日

Contents

1章
東海道本線、北陸本線の沿線

東海道新幹線、山陽新幹線 …………… 6
東海道本線 …………………………… 10
北陸本線 ……………………………… 32
湖西線 ………………………………… 42
小浜線 ………………………………… 50
草津線 ………………………………… 52
信楽線 ………………………………… 56
奈良線 ………………………………… 60
大阪環状線 …………………………… 62
片町線 ………………………………… 64
城東貨物線 …………………………… 68

2章
関西本線、紀勢本線の沿線

関西本線 ……………………………… 72
桜井線 ………………………………… 82
紀勢本線 ……………………………… 84
阪和線 ………………………………… 98

3章
山陽本線、山陰本線の沿線

山陽本線 ……………………………… 112
山陰本線 ……………………………… 120
福知山線 ……………………………… 126
加古川線 ……………………………… 134
播但線 ………………………………… 136
高砂線 ………………………………… 142

山陰本線和田山〜梁瀬間で円山川を渡るC57牽引の客車列車。深い谷間に縫って走る山陰本線東部では、1970年代初めまで蒸気機関車が活躍した。福知山、豊岡等に機関区が置かれていた。◎1971年11月14日

はじめに

　京都から大阪、神戸へ跨る関西圏の東海道本線は、名だたる大手私鉄と競合する並行区間が長い。そのため、開業ほどなくから、常に速達性や居住性の高さに重点を置いたサービス向上が進められ、時代を代表する高性能車両がいち早く投入された。また、一大ターミナルである大阪駅、京都駅を目指す北陸路、山陽路からの長距離特急が昼夜を問わず、堂々たる長大編成で、普通電車を尻目にゆったりと走っていったものだ。そうした華やかな情景は老若男女を問わず、鉄道好きな趣味人の心をいつも捉えて離さない。

　野口昭雄さんは日本国有鉄道の現場に身を置き、国鉄の「青春時代」から終焉までを鉄道の内外両面から見つめ続けてこられた。そんな立ち位置から撮られた写真には、国鉄職員なればこそと思われる構図や希少な車両が並ぶ。しかし、それにも増して目を惹くのは、日常風景として捉えられた定期列車の姿だ。人々の暮らしを支えるべく、日々の仕業に就く車両は伸びやかにして美しい。身の回りのごく普通を記録することの大切さ、楽しさが滲み出す1970年代〜80年代の眺めを堪能していただきたい。

2018年4月　牧野和人

1章
東海道本線、北陸本線の沿線

東海道新幹線	山陽新幹線	東海道本線
北陸本線	湖西線	小浜線
草津線	信楽線	奈良線
大阪環状線	片町線	城東貨物線

向日町運転所で待機する優等列車群。「しおじ」をはじめとした山陽筋の電車列車と、「しなの」のヘッドサインを掲げたキハ181系が並ぶのは、山陽新幹線が全線開通に至る前の光景だ。◎1971年10月31日

東海道新幹線
山陽新幹線

Tokaido, San-yo Shinkansen

　1964（昭和39）年10月1日、東京〜新大阪間の東海道新幹線が開業。起終点駅として大阪市には新大阪駅が誕生し、関西では東海道本線の京都駅と米原駅が連絡駅となった。東海道新幹線の京都駅には「ひかり」が停車、米原駅は「こだま」のみの停車駅となった。東海道本線は神戸駅が終着駅であったが、新幹線では新大阪駅までとなったため、兵庫県への新幹線路線は、この後に建設される山陽新幹線に引き継がれることとなる。東海道新幹線の開業前の工事期間には、並行して走る阪急京都線の高架工事も同時に行われ、大山崎、水無瀬（みなせ）、上牧（かんまき）の3駅が新幹線の線路を借用して、仮設の駅、ホームを置いたことは鉄道ファンの間では有名である。

　その8年後、「ひかりは西へ」の合言葉のもと、1972（昭和47）年3月15日に山陽新幹線の新大阪〜岡山間が開業した。このときには、神戸市内の駅として三ノ宮駅の山側に新神戸駅が新設され、兵庫県内に西明石、姫路、相生の3駅が置かれ、いずれも山陽本線との連絡駅となった。

　東海道新幹線では、岐阜県の関ケ原付近から米原駅にかけてが、冬場は積雪のある区間で、運行には時折、遅れが生じることが知られている。一方、後に開業する山陽新幹線では、新神戸駅の置かれている六甲山地の区間はほとんどがトンネルを通るため、雪に悩まされることは少ない。かつての「ひかり」、現在の「のぞみ」は京都、新大阪、新神戸に全列車が停車する形である（以前は、停車しない列車もあった）。

　東海道新幹線の開業時から西側の車両基地として稼働しているのが、新大阪駅に近い鳥飼車両基地である。1964年に東海道新幹線支社大阪運転所として発足し、1970年に新幹線総局運転所となり、国鉄の分離民営化に伴い、JR東海の大阪第一運転所となっていた。現在は業務別に大阪仕業検査車両所などと分かれており、総称として鳥飼（車両）基地と呼ばれている。

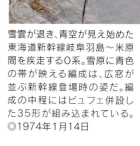

雪雲が退き、青空が見え始めた東海道新幹線岐阜羽島〜米原間を疾走する0系。雪原に青色の帯が映える編成は、広窓が並ぶ新幹線登場時の姿だ。編成の中程にはビュフェ併設した35形が組み込まれている。
◎1974年1月14日

3つの路線が顔を合わせる東海道本線の近江長岡駅界隈。田園地帯の中で新幹線は大阪セメントの専用線を跨ぐ。車窓の南側には東海道本線の築堤が続く様子を望むこともできる。異なる種類の列車が顔を合わせることもままあった。◎1972年1月30日

視界の彼方まで続く高架橋上を行く東海道新幹線0系。雪景色の中をいつもと同じように一瞬で走り去っていった。雪の止み間だからか、線路沿いのスプリンクラーは作動していない。◎岐阜羽島〜米原 1980年2月10日

鳥飼車両基地に並んだ新幹線0系の一団をローアングルで撮影した。やや広めのレンズで構図を決めると
標準軌で敷設された線路の間は、普段よりもさらに広く見えた。◎1978年3月18日

岸辺にススキが揺れる加古川を新幹線0系が渡って行く。0系は山陽新幹線が開業してからも100系が登場するまでの10年間余りにわたり、日本の旅客輸送を支える大幹線で唯一無二の存在だった。◎西明石～姫路　1982年10月31日

京都駅前に建つ京都タワーに見送られて古都を後にする東海道新幹線0系。新幹線が鴨川を渡り、京阪本線を跨いだ先にある歩道橋からは1980年代まで、手軽に眼下を走る新幹線や東海道本線の列車を眺めることができた。◎京都～米原　1978年3月18日

東海道本線

Tokaido Line

　新橋〜横浜間に次ぐ鉄道として開業したのが、大阪〜神戸間であることは広く知られている。この路線が東の京都方面に延びて、現在の東海道本線が出来上がった。東海道本線は、神戸・大阪・京都の「三都」を結ぶ日本の幹線であり、華やかな列車がこの路線を駆け抜けてきた。しかし、途中からは阪急・阪神・京阪の私鉄が開通したことで、京阪神の通勤区間では強力なライバル路線と競争することになる。対抗上、戦前から電化が進み、1956（昭和31）年に京都〜米原間が加わり、全線の電化が完成した。

　戦前から特急「燕」が、新京阪（現・阪急）とスピードを競い合ったエピソードは有名で、1960年代までは特急「こだま」「つばめ」などがこの線を走る花形列車であり、優美な寝台特急、ブルートレインの姿もあった。しかし、1964（昭和39）年、東海道新幹線の開業後は、こうした優等列車は次第に姿を消して行き、通勤・通学用の電車がメイン車両の役割を果たすようになる。その代表格は1970年に登場した「新快速」。当初の運転区間は京都〜西明石間で、新幹線停車駅の新大阪駅を通過するスピード優先ぶりだった。所要時間は京都〜大阪間がノンストップの32分、三ノ宮、明石駅に停車する全線では１時間19分を要した。その後、「新快速」は北陸本線、湖西線、赤穂線にも路線を延ばし、停車駅も増加する。この呼び名は、阪和線や中京（名古屋）方面のJR線でも使用されるようになった。

　歴史が古く、固定したイメージの強い東海道本線だが、新しい駅も着実に開業している。1969年に瀬田駅、1981年に南彦根駅、1991（平成３）年に栗東駅、1994年に南草津駅と、ベッドタウン化が進んだ滋賀県内での開業が相次いだ。また、阪神・淡路大震災後の1996年に甲南山手駅、2007（平成19）年にさくら夙川駅と、兵庫県内に２つの新駅が誕生。その後も島本、桂川、摩耶、JR総持寺駅が開業するなど変化し続けている。現在は、JR神戸線、JR京都線、JR琵琶湖線の愛称も使われている。

関ケ原〜垂井間を行く165系の急行「比叡」。名古屋〜大阪間を結ぶ昼行列車は東海道新幹線の開業後も存続した。1966（昭和41）年に準急から急行へ格上げされ、1984年まで運転された。◎1974年9月29日

勾配を緩和した新垂井〜関ケ原間を行くEH10牽引の貨物列車。関ケ原へ向かって、従来路線と別の単線区間を上って行く。大垣〜新垂井〜関ケ原間の別線は、1944（昭和19）年に開業した。◎1974年1月14日

東海道本線の難所、関ケ原越えには下り線の勾配を緩和する新垂井駅経由の別線が設けられている。冷蔵貨車レサ10000系を連ねた鮮魚列車が、F66に牽かれて築堤を上って行く。◎1972年7月26日

近江長岡〜柏原間を行く381系特急「しなの」。複線区間のように見えるが、列車が走る線路は東海道本線の上り線で、左側の線路は垂井線と呼ばれる別線である。画面奥に新垂井（1986年に廃止）を経由する下り線が見える。◎1977年10月12日

1965（昭和40）年10月のダイヤ改正から特急「つばめ」は名古屋〜熊本間を結ぶ列車となった。東海道線特急時代の難所だった関ケ原越えを通ることとなり、伊吹山麓を「つばめ」のヘッドサインが再び流れた。◎1972年1月23日

伊吹山が列車の背後に坐る近江長岡〜柏原間を行く113系の普通列車。旧国鉄時代の編成は7両であり現在よりも長い。転入して間もないようで、編成の中程にはスカ色の車両が組み込まれている。◎1972年1月23日

東海道で数多くの急行列車を担当してきた153系。大垣区所属車は、本来の用途である急行が特急への格上げ、廃止等で減少する中、中京圏の快速や普通列車運用で余生を過ごした。◎柏原～近江長岡　1974年9月29日

晴れ渡った空に伊吹山がそびえる。近江長岡～柏原を行く80系は登場以来纏い続ける湘南色のいで立ち。編成は短くなったとはいえ、東海道在来線の黄金期を彷彿とさせる1コマだった。◎1977年10月12日

雪化粧した柏原～近江長岡間を行くEH10牽引の貨物列車。2車体、動軸8つを持つ当時としては異例の大型機関車は、10パーミルの勾配が続く関ケ原越えで1200トンの貨物列車を、単機で牽引できるように開発された。◎1979年1月14日

瀬田〜石山間で、琵琶湖から流れ出る瀬田川を渡る485系の特急「雷鳥」。関西と北陸を結ぶ列車は、湖西線の開通以前、「米原回り」として東海道本線を経由していた。◎1975年3月2日

膳所付近ですれ違うキハ58の急行とクハ111をしんがりにした下り普通列車。関西発着の優等列車で非電化路線へ乗り入れる列車は現在もいくつかあり、東海道本線で電車と共演する光景は日常的なものだ。◎1979年11月3日

東山トンネルを抜けて大きな曲線区間を過ぎると、山科駅へ向かって直線が続く。クハ165を先頭にした新快速は1971(昭和46)年から設定された草津行き。停車の準備に入ったのか、築堤上を軽やかに減速していった。◎1972年10月1日

京都東山の稜線に見守られて、キハ181系の特急「しなの」が東海道本線の鉄道名所山科界隈を走る。大阪〜長野間で「しなの」が運転を開始した1971(昭和46)年当時と変わらず、グリーン車と食堂車を連結し、増結車1両を含む10両編成の雄姿だ。◎1972年10月29日

東海道本線を颯爽と駆ける急行「ゆのくに」。大阪〜金沢間を湖西線の開業後も、東海道本線米原回りで運転していた。グリーン車2両、ビュッフェ＋2等の合造車のサハシ451を組み込んだ全盛期の姿だ。◎京都〜山科 1972年10月29日

3線区間時代の京都〜山科間を行く特急「雷鳥」。先頭は個性的なボンネット形状の前端部を持つクハ481形だ。スカート部は赤2号にクリーム4号の帯を巻いた塗装となっている。◎1972年10月29日

京都駅を発車し、東海道新幹線との並行区間を行く485系の特急「雷鳥」。新幹線が醍醐通下のトンネルへ姿を消してから程なくして東山トンネルへ突入。トンネルの先は名舞台、山科の大築堤だ。◎京都〜山科 1978年4月8日

京都〜山科間を行く157系の特急「ひびき」。列車名は1959 (昭和34) 年11月から翌年1月にかけて運転された東京〜大阪間の臨時特急として登場。1963年から東海道新幹線開業までの約1年間、定期列車として運行された。◎1964年3月29日

電化後は電車化が急速に進んだ東海道本線。しかし、他路線からの乗り入れや臨時列車等で、1980年代まで旧型客車の姿を見る機会があった。原型小窓で端整な顔立ちのEF58124号機は長らく東京機関区に配置されていた。◎京都〜山科　1972年10月29日

国鉄形電車に101系など、本格的な近代車両が登場する前の時代に都市圏の大量輸送を支えた72系。関西圏の東海道本線では1960年代まで、緩行線等で茶色い電車を見ることができた。◎1972年11月26日

103系と手を繋いだクモヤ90。車両基地内等での入れ替えや回送車両の牽引、控え車等に用いられる。200番台車は新製車だったモハ72末期形から走行機器、台枠を流用し、新たに造った車体を載せた車両だ。◎向日町運転所 1980年3月20日

荷物列車をEF5860号機が牽引いて来た。長きにわたって浜松機関区に在籍し、天皇陛下が乗車される特別列車を牽引する予備機に指定されていた。車体に巻かれたステンレス製の帯が、特別な機関車であることを物語っている。◎向日町〜西大路 1971年頃

181系に481系と583系。車両、ヘッドサインに記された列車名は、今日の陣容と大きく異なる。しかし向日町運転所には、いつの時代も時代の最先端を走る特急用車両の姿がある。◎1970年8月2日

2編成の181系が特急「つばめ」「はと」のヘッドサインを掲げて、向日町運転所に佇む。後方に特急「雷鳥」がいるので、山陽特急に転身後の姿だろう。それでも東海道に君臨した2大特急の名を掲げる、こだま形電車は美しい。◎1964年11月3日

向日町運転所に並んだ大阪駅発着の特急列車。車両の姿形を問わず、正面にお揃いのエンブレムを掲げ、同じ色合いの国鉄特急色で統一されたいで立ちからは、旧国鉄特急発展期の華やかさが伝わってくる。◎1978年5月13日

優等列車が顔を揃える向日町運転所構内を、仕業に臨む乗務員が横切って行く。白いスーツに身を包んだ姿は、豪華客船のクルーを彷彿とさせる。七つ道具が入った鞄を提げ、誘導旗や救急箱を携えて用意は万全だ。◎1965年6月5日

茨木から高槻へ至る沿線は、工場が建ち並ぶ大阪東部の工業地帯である。線路近くに松下電子工業、明治製菓の巨大工場が並び、左手にはエレベーター、エスカレーターメーカー、フジテックの煙突が見える。◎高槻～摂津富田　1977年10月22日

京阪神間の新快速専用車両として登場した117系。落ち着いた雰囲気の外観は基より、車内には転換クロスシートを設置した。車内妻面には木目調の化粧板を貼り、競合する阪急、京阪の特急用車両と互角に渡り合える装備を持っていた。◎高槻～山崎　1980年2月11日

郵便電車クモユ141が高槻～摂津富田間を行く。仕分け棚上の窓が開けられ、車内では作業の最中だろうか。9号車は宮原電車区（現・網干総合車両所宮原支所）に配置されていた5両のうちの1両だ。◎1977年10月22日

熊本を夕刻に発車した急行「阿蘇」は鹿児島本線、山陽本線を夜を徹し走り続け、翌朝に通勤時間帯へ差し掛かった京阪神間を駆け抜けて行く。広島機関区所属のEF58が牽引した。◎1972年10月1日

東海道本線の名阪間を、EF81が牽引する貨物列車が轟音とともに進んで行く。1974(昭和49)年の湖西線開業後、敦賀第2機関区へ配置された交直流機関車は、運用範囲を東海道まで広げていった。◎高槻～摂津富田 1977年10月22日

EF66が牽引する鮮魚貨物列車。1960年代に山口県の幡生、九州博多の港に水揚げされた生鮮品を首都圏、関西圏へ輸送する高速貨物列車が設定された。同時期に高速走行に対応する冷蔵車が開発された。◎摂津富田付近 1982年6月15日

1章 東海道本線、北陸本線の沿線【東海道本線】 23

阪急京都線上牧に近い東海道本線高槻〜山崎間を行く583系の特急「雷鳥」。画面前方の水田が広がっている辺りは現在、マンションや住宅地へとすっかり姿を変えている。◎1981年3月20日

大阪行きの夜行急行「銀河」が朝日に照らし出された東海道を、終点に向かって西へ走る。20系客車は1976（昭和51）年から使用され、特急用車両を急行列車に転用する先駆けとなった。◎1981年3月12日

東京〜大阪間の夜行急行銀河には、1976（昭和51）年から20系寝台車が、それまでの10系寝台車、スハ44系客車等に換えて投入された。EF58に牽引されて東海道を行く姿は、二世代前の東京〜九州間の寝台特急を彷彿とさせた。◎1978年6月18日

「彗星」のテールサインを掲げた581系が京都方面へ走り去ろうとしている。前方からはEF58118号機が牽引する荷物列車がやって来た。東海道本線岸辺〜千里丘間での愛好家にとっては楽しい春の一コマだ。◎1979年4月7日

千里丘～茨木間の複線区間を快調に飛ばしていく急行「立山」。ヘッドマークを正面に掲げたクモハ475が凛々しい。昼行急行としては1982(昭和57)年まで運転された。◎1978年6月18日

先代の103系と同様、スカイブルー塗装の201系が京阪間の東海道緩行線を行く。高槻電車区に70両が新製配置され、1983(昭和58)年から東海道、山陽本線の京都～西明石間で運転された。◎千里丘～茨木　1983年5月28日

1972（昭和47）年に新大阪、大阪〜倉吉、鳥取間を播但線経由で結ぶ特急として設定された「はまかぜ」。担当するキハ82系は向日町運転所の所属で、始発終点駅と運転所の間は回送運転となっていた。◎1982年5月20日

昨日の夕刻に青森を出発した寝台特急「日本海」が、日本海縦貫線の旅を終えて大阪の街へ入ろうとしている。先頭に立つEF81123号機は、敦賀で夜を徹して走った僚機から列車の牽引を引き継いでいる。◎新大阪〜大阪　1978年8月26日

宝塚までの電化が完成した福知山線へ直通する103系が、新大阪〜大阪を走って行く。車体の塗装は黄5号のカナリアイエロー。福知山線の旅客列車が客車から通勤型電車へ替わって以降、関西では黄色が福知山線を指す色となった。◎1978年8月26日

本線と操車場とのあいだに続く空き地には草が生い茂り、西の空には真っ白な雲が沸き立つ真夏の京阪間を、ボンネット形のクハ481を先頭にした485系特急「雷鳥」が足早に駆けて行った。◎東淀川〜吹田　1978年7月22日

153系が新快速の看板を掲げ、淀川に架かる上部トラス橋梁を轟音と共に駆け抜けて行った。大きなパノラミックウインドウとヘッドライトは、東海道筋の急行に従事した東海形車両の象徴だった。◎1972年7月22日

梅小路機関区

Umekoji Engine Depot

　梅小路機関区は、1960年代に大きな変革の時期を迎えようとしていた。それは、国鉄では幹線を中心にして蒸気機関車の需要が減少し、蒸気機関車のねぐら（機関庫）としての役割を失いつつあったからである。その一方で、歴史的に見て大きな文化・産業遺産である、蒸気機関車を動態保存しようとする動きがあり、1970（昭和45）年にその候補地として、梅小路機関区に白羽の矢が立てられたからである。

　このときに選ばれた梅小路機関区は、東海道本線と山陰本線が分岐する地点に近く、動態保存されたSLが山陰本線、あるいは東海道本線を経由して草津線などを走行することが可能であった。さらに京都という国際的に有名な観光地にあり、大型蒸気機関車の保守実績を有していたからでもある。鉄道開業から1世紀を経た1972年、鉄道記念日（10月10日）に、「鉄道100年」を記念する「梅小路蒸気機関車館」が開館した。その後、2016（平成28）年4月29日にリニューアルされる形で、JR西日本の「京都鉄道博物館」がオープンしている。

　歴史の古い梅小路機関区は、1876（明治9）年に開設された「京都機関庫」が起源である。1914（大正3）年に、旧京都鉄道（現・山陰本線）の「二条機関庫」を統合する形で、「梅小路機関庫」が発足、1936（昭和11）年からは、梅小路機関区となっていた。1987（昭和62）年に梅小路運転区に改称し、現在も動態保存（列車牽引も）のSLやDE10形ディーゼル機関車が配備されている現役の車両基地である。

蒸気機関車館開館前の梅小路機関区扇形庫。広告等の撮影時には当館での保存機以外にも、各地から多様な形式の機関車が集められた。全ての車両には適度に煤けた現役感が漂っている。◎1971年11月25日

開館前の梅小路機関区にて。ボックス動輪を履く蒸気機関車の足回りの表情。保存機ではあるものの、現役を退いてから間もない頃なので各部は使い込まれ、可動部は入念に注油が施されている様子だ。◎1971年11月25日

鉄道開業100周年を記念して京都で開館した梅小路蒸気機関車館。当初は16形式17両の機関車が現役施設だった扇形庫に展示された。多数の動態保存機を抱え、1日数回にわたり構内運転が実施された。◎1972年10月7日

1章 東海道本線、北陸本線の沿線【梅小路機関区】

北陸本線

Hokuriku Line

　現在の北陸本線は、滋賀県の彦根駅から石川県の金沢駅を結ぶ路線であるが、かつては新潟県の直江津駅まで延び、日本海側を縦断するルートの一部だった。滋賀側では、米原駅で東海道本線と連絡し、近江塩津駅で湖西線と合流、福井県側の敦賀駅方面に北上することとなる。

　その歴史は東海道本線の支線に始まり、1882(明治15)年に長浜〜敦賀港間が開業している。当時は、長浜駅が東海道本線の主要駅であり、大津駅と結ぶ水路(連絡船)の起点でもあった。1889(明治22)年に長浜〜米原間が開通して、米原駅が開業した。1902(明治35)年に米原〜敦賀〜金ヶ崎間が北陸線に編入された。

　現在、大阪・京都方面からの特急サンダーバード(雷鳥)は湖西線経由で敦賀方面に至るが、かつてはすべての列車が米原駅経由で、敦賀方面に向かっていた。さらには、大阪と青森を結ぶ長距離特急(昼行)の「白鳥」、同区間を走る寝台特急(ブルートレイン)の「日本海」という、花形列車も運転されていた。現在は、名古屋駅から東海道本線を走り、米原駅経由で金沢駅に向かう特急「しらさぎ」が運行されている。

　この北陸本線には、東海道本線からやってくる「新快速」も走っている。京都、大阪方面に向かう「新快速」には、敦賀、近江塩津、長浜駅を始発とする列車があり、姫路、網干、播州赤穂(赤穂線)まで直通運転されている。また、この区間の北陸本線を走る臨時列車として、2月、10月、11月の日曜、祝日、GWなどに運行されている観光列車「SL北びわこ号」が知られている。1995(平成7)年に運転が始まり、現在は梅小路運転区所属の「C56160」が牽引して米原〜木ノ本間を走っている。

米原～田村間は1962（昭和37）年に直流電化され、田村駅の米原方に無電区間が設置された。それ以降も旅客、貨物列車の牽引には蒸気機関車、ディーゼル機関車が充てられた。◎坂田～田村　撮影日不詳（1960年代後半）

北陸本線の米原-田村間の列車牽引に集められたD50の中で131号機は唯一、切り取り形の除煙板を装備した機関車だった。同機は長らく北陸本線糸魚川機関区に配置され、1950年代の終わり頃に長野工場で除煙板を交換された。◎田村～坂田　撮影日不詳（1960年代後半）

朝の北陸本線米原口には1980年代まで1往復の気動車による普通列車が運転されていた。東海道本線彦根を始発とする木ノ本行きで、復路は米原行きとなっていた。全区間で電化路線を走った。
◎長浜〜虎姫　1978年8月14日

米原～金沢間の新幹線連絡急行「くずりゅう」。実りの季節を迎えた北陸本線虎姫～長浜間の田園地帯を行く。クリーム4号と少し桃色掛かった赤13号の2色塗装が、黄金の海に明るい彩りを添えていた。◎1978年8月14日

木ノ本〜余呉間を行く485系の下り特急「加越」。中間にグリーン車を組み込んだ編成だ。旧国鉄時代、日中に運転する列車は多くがヘッドライトを消していた。◎1979年9月8日

黄色く色づいた水田を左右に見て、EF7030号機が旧型客車を牽引して来た。機関車の次位には郵便車、荷物車が連結されている。客車が非冷房なのに対して、郵便車は冷房装置を搭載している。
◎余呉〜木ノ本　1978年8月14日

余呉付近を行く下り特急「しらさぎ」。テールサインには列車名の通り、青地に白鷺が描かれている。左上にはL特急を指すLが入り、列車の性格を分かり易く表現している。◎1979年9月8日

近江塩津駅から新疋田方へ向かってトンネルを潜ると、湖西線の上り線は高架橋になる。近江塩津方から左手を見下すと、下り線をボンネット形のクハ481がしんがりに控える特急「雷鳥」が通り過ぎた。◎1976年3月6日

近江塩津付近で湖西線の合流区間を行く485系の特急「白鳥」。列車の走る線路が下り線で、一段高くなった築堤上に上り線がある。湖西線に特急が走り出してから間もない頃の撮影で、トンネルポータルや周囲の法面が新しい感じだ。◎1976年3月6日

寝台特急「金星」の間合い運用で特急「しらさぎ」に充当されていた581、583系。近江塩津駅を過ぎ、湖西線との合流地点へ向かって下り線を進んで行った。画面左手に湖西線がある。◎1976年3月6日

近江塩津付近を行く457系の急行「立山」。湖西線の開通後、ヘッドマークを掲げて新規の短絡線へ乗り入れる列車は少なくなっていた。「立山」は昼行列車として1982（昭和57）年まで運転された。◎1976年3月6日

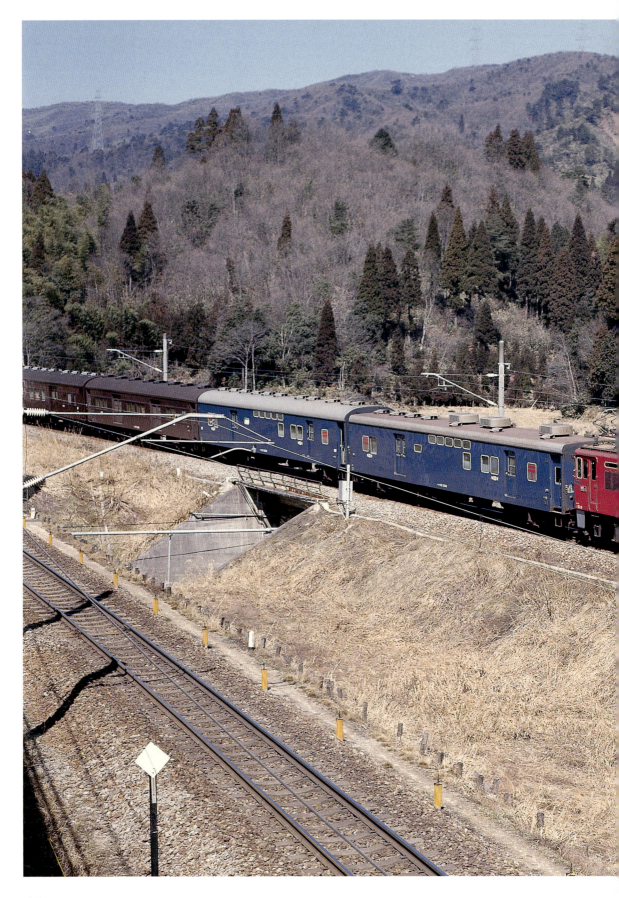

北陸本線近江塩津付近を行くEF70牽引の荷物列車。前2両の青い車両は郵便車だ。機関車次位のオユ10は乗車する職員の作業時の発汗等による郵便物の汚損を防ぐ目的で、冷房装置を搭載している。
◎1978年3月6日

関西と北陸地方を短絡する目的で建設された湖西線。昭和40年代に建設された路線は、道中のほとんどを高い築堤と高架橋で占めていた。今日では北陸特急の通い慣れた経路になっている。◎蓬莱〜志賀　1975年5月25日

湖西線

Kosei Line

　琵琶湖の西岸を走る東海道・北陸本線のショートカット路線として、湖西線は1974（昭和49）年に開業した。それ以前、この地域の南部には、浜大津〜近江今津間を走る江若鉄道（現・江若交通）が存在していた。しかし、滋賀県（近江）と福井県（若狭）を結ぶ計画だったこの私鉄は、日本海側まで路線を延ばすことはなく、1969（昭和44）年に廃止され、5年後に国鉄線が住民の足を担うことになった。

　湖西線の始発駅は、東海道本線と接続する京都市内の山科駅である。しかし、ほとんどの列車はお隣の京都駅が始発であり、「新快速」「快速」はさらに大阪方面の東海道本線を走ることになる。また、関西から北陸に向かう看板列車の特急「サンダーバード」は現在、すべての列車がこの湖西線経由となっている。これは、湖西線が高速走行を担う路線として、戦後に造られた路線であり、トンネルや高架線の区間を走ることことから踏切は設けられていない。

　この路線の特徴のひとつは、途中駅で他のJR線との接続がないことである。また、私鉄の路線との連絡も少なく、起点の山科駅で京阪京津線、京都市営地下鉄と連絡、大津京駅で京阪石山坂本線と連絡しているだけである。江若鉄道には、堅田、和邇、比良、近江舞子、北小松、安曇川、新旭などの駅が置かれていたが、こうした駅は、湖西線の駅にも受け継がれている。また、小野駅は、京阪電鉄が開発した「びわこローズタウン」の最寄り駅として、同社の嘆願により、開通から14年が経った1988（昭和63）年に開業している。

近江舞子付近で琵琶湖畔を彩る中浜を見て、485系の特急「雷鳥」が秋の風景を横切って行った。湖西線内の駅には停まることなく高速で走り抜ける。◎1977年9月18日

近江舞子付近を行く113系。湖西線は開業当初より山科～永原間が直流方式で電化された。永原～近江塩津間に無電区間が置かれたため、直流型電車は永原までの入線に留まった。北陸本線長浜-敦賀間が交流から直流電化に転換されたのは2006（平成18）年だった。◎1977年9月18日

湖西線を行く153系の新快速。1974(昭和49)年に湖西線が開業すると、新快速1本が堅田まで乗り入れる運用に就いた。行楽期には近江今津まで足を延ばすようになり、琵琶湖畔を行くブルーライナーが見られるようになった。◎1974年9月22日

車窓から遠望される布引の山々は冠雪の模様。冬枯れの近江高島付近を583系の「雷鳥」が行く。1978(昭和53)年10月より、485系に混じり4往復が581、583系で運転されるようになった。◎北小松〜近江高島 1980年11月4日

高架橋上からの視線で望む車窓には、家並の向うに琵琶湖が広がっていた。急行「立山」の行程は湖西線が開業した翌年の1975（昭和50）年3月10日、大規模なダイヤ改正に合わせて東海道本線米原を通る従来の経路から、湖西線経由に変更された。◎蓬莱～志賀　1975年5月25日

マキノ駅を通過する485系特急「雷鳥」。ボンネット形のクハ481を先頭にした編成だ。1970年代にはカタカナ表記の駅は全国的に珍しかった。駅名は所在地名のマキノ町に由来する。◎1976年2月1日

山間部等に新設される鉄道はトンネル等によって短絡する経路で計画されることが主流になっていた1970年代に開業した湖西線。線路は端山の谷間を高い高架橋で一跨ぎに渡っている。◎永原〜近江塩津 1979年9月8日

小浜線

Obama Line

　京都府の東舞鶴駅と福井県の敦賀駅を結ぶ、日本海側のローカル路線が小浜線である。東舞鶴駅では舞鶴線と接続しており、この線を経由して山陰本線の綾部駅と結ばれている。2006（平成18）年までは、舞鶴線との直通運転も行われていた。一方、東の敦賀駅では北陸本線と接続している。路線の名称は、沿線の主要駅である小浜駅から採られている。

　この線は日本海側を縦断する長大な輸送路の一部で、山陰と北陸を結ぶバイパス線でもあった。開通当時は、舞鶴港が日本海軍の本拠地のひとつであり、かなり重要な路線と位置づけられていた。1917（大正6）年、福井県側の敦賀〜十村間が開業している。翌年には小浜駅、1921年には若狭高浜駅へと延伸、路線は西に延びていった。1922年に若狭高浜〜新舞鶴（現・東舞鶴）間が開通し、小浜線の全線が開通した。ほとんどの路線が福井県内を走っており、京都府にあるのは東舞鶴駅と松尾寺駅のみである。

　2003（平成15）年に全線の電化が完成しているが、特急・急行などは運転されていない。1999年までは、京都〜東舞鶴〜敦賀間を結ぶ急行「わかさ」が運転されており、それ以前は、この線と宮津線を経由して、名古屋駅と出雲市駅を結ぶ急行「大社」も存在した。

北陸本線敦賀の手前では、西方から小浜線が寄り添ってくる。敦賀と京都府舞鶴市の東舞鶴を結ぶ地方路線が電化されたのは、2003（平成15）年で、21世紀に入ってからのこと。長らく多彩な国鉄型気動車が使用されてきた。◎西鶴賀〜敦賀　1980年5月3日

福井県の置県100年を記念して小浜線敦賀〜小浜間で運転された「SLわかさ号」。梅小路蒸気機関車館のC56160が12系客車を牽引した。夏休み期間中に運転され、敦賀駅のホームは多くの家族連れで賑わった。◎1981年8月30日

草津線

Kusatsu Line

　滋賀県と三重県を結び、旧東海道に沿って走るのが草津線である。その歴史は古く、私鉄の関西鉄道が1889 (明治22) 年に草津〜三雲間、翌年に三雲〜柘植間を開業させている。当初は本線の扱いであったが、木津方面の路線が開通したことにより、1898 (明治31) 年に支線となった。1907 (明治40) 年に国有化され、1909年に滋賀側の起終点・草津駅の名称から、草津線と名付けられた。

　当初は、蒸気機関車が牽引する列車が運転されていたが、戦後の1956 (昭和31) 年からは一部で気動車の運行が始まった。1961年にこの草津線経由で京都〜鳥羽間を走る気動車準急「鳥羽」の運転が開始されている。1972 (昭和47) 年には蒸気機関車が引退し無煙化された。1980 (昭和55) 年には全線の電化が実現した。

　この草津線は近年、京都、大阪のベッドタウンとなっている草津市、栗東市を通っており、湖南市には県内最大の工業団地である湖南工業団地が造成され、沿線の産業構造なども変わってきた。草津駅から、信楽高原鐵道、近江鉄道との連絡駅である貴生川駅までは、1時間に2本以上の列車が運行されている。なお、終点駅の柘植駅は、三重県伊賀市にあるが、滋賀県との県境に近く、路線のほとんどは滋賀県内を通っている。

油日〜柘植間を行くDD51牽引の50系普通列車。電化後の草津線では、朝夕の通勤通学列車で、引き続き客車が使用された。関西本線亀山から草津線を経由して京都まで運転される列車もあった。◎1980年5月24日

小雪舞う草津線をD51が旧型客車を従えて驀進する。草津線には蒸気機関車が運用されていた末期まで、朝夕を中心に客車列車が設定されていた。牽引には亀山機関区所属のD51が当たった。◎1972年2月6日

草津線から柘植駅に入線する113系の普通列車。架線柱などの施設は真新しい雰囲気だ。草津線は1980(昭和55)年、全線が一気に電化された。その後もしばらくは客車列車や気動車急行が運転された。◎1980年5月24日

柘植は甲賀、伊賀地方の境界に位置し、関西本線から草津線が分岐する山中の駅。D51がホッパ車と2軸貨車で組成された貨物列車を牽引し、寒気の中で白煙を噴き上げながら草津線へ入って行く。◎1972年2月6日

信楽線

Shigaraki Line

　現在、信楽高原鐵道となっている信楽線は、1987 (昭和62) 年までは国鉄の信楽線であった。1933 (昭和8) 年に貴生川〜信楽間が開業し、第二次世界大戦中に不要不急路線として休止した時期はあるものの、1947 (昭和22) 年に運行が再開された。1962 (昭和37) 年では、旅客列車も蒸気機関車が牽引していた路線である。しかし、1981 (昭和56) 年に廃止が承認され、1986年に第三セクター鉄道への転換が決定された結果、信楽高原鐵道に移行した。1987年の同鐵道開業と同時に、紫香楽宮跡、玉桂寺前の2駅が開業し、運行本数も増大している。

　1982年、廃止間近となった信楽線では、信楽線ミステリーが運行されたことがあった。このミステリー列車とは、目的地を知らせることなく運転された観光団体専用列車で、ミステリツアーの鉄道版であった。戦前から運行されていたが、戦後においては、蒸気機関車が廃止されつつあった時期にあたる1970年ごろから、草津線、奈良線などで運行されており、古い鉄道ファンには懐かしい思い出である。

　一方、信楽線から信楽観光鉄道に変わった路線では、1991 (平成3) 年5月に発生し、死者42人を数えた、信楽高原鐵道列車衝突事故は忘れることはできない。この事故により、全線は運休となり、同年12月まで信楽高原鐵道は運行がストップしていた。

草津線貴生川駅から分岐して、焼き物の里信楽へ向かう信楽線（現・信楽高原鐵道信楽線）。路線距離15キロメートルに満たない小路線にも貨物列車が設定されていた。亀山区に所属するC58が短編成の列車を牽引していた。◎1973年5月5日

貴生川～雲井間に急勾配が控える信楽線では、旅客輸送に2機エンジンを備える山岳路線用の気動車キハ53が充当されていた。キハ53は旧国鉄の一般形気動車としては少数派で、総製造数は11両に留まった。◎1971年11月13日

貴生川駅を出たC58は、小柄な2軸のタンク車を牽引して杣川を渡る。先の山間部に続く勾配区間へ向かって、中型の万能機関車は黒煙をたなびかせながら猛然と力行して行った。◎1971年11月23日

黄檗～宇治間で旧国鉄奈良線は、銘茶の産地として知られる宇治市内を流れる宇治川を渡る。C58が僅か2両の貨車を従え、絶気で橋梁を渡って行った。背景には薄い赤い欄干が目を惹く宇治橋が架かる。◎黄檗～宇治　撮影日不詳（1960年代後半）

奈良線

Nara Line

　現在のJR奈良線は、京都駅と木津駅を結ぶ路線で、正式には木津駅が起点であるが、京都から木津に向かう列車が「下り」である。この奈良線は、1895（明治28）年に京都～伏見間が開業した私鉄の奈良鉄道が起源であり、翌年に京都～奈良間が全通した。その後、関西鉄道をへて、1907（明治40）年に国有化され、1909年に木津～京都間が奈良線、木津～奈良間が関西本線に組み込まれた。そのため、奈良線とはいいながら、全区間が京都府内にある。

　この奈良線には、ほぼ並行して走る競合路線、近鉄京都線の存在があり、単線であることも理由となり近代化が遅れていた。1984（昭和59）年に京都～奈良間が電化、2001（平成13）年に京都～JR藤森間、宇治～新田間が複線化されている。一方で、沿線ではベッドタウン化が進んだため、1957（昭和32）年に京阪京都線と連絡する東福寺駅、1958（昭和33）年に城陽駅、1961年に黄檗駅と、次々に新駅が開業した。さらに１９８５（昭和60）年には平城山駅、1992年に六地蔵駅、1997年にJR藤森駅、2001年にJR小倉駅が開業している。JR藤森、JR小倉と２つの駅にJRの冠がついているのは、それぞれに京阪、近鉄の先行する駅の存在があったからである。

宇治橋側の川原へ下りると宇治駅の建つ方向から汽笛が鳴って、C58が牽引する荷物列車がやって来た。駅を発車して間もないからか。それとも若干の上り勾配なのか。352号機は白煙を後方に流して力強く走る。◎宇治〜黄檗　撮影日不詳（1960年代後半）

大阪環状線

Osaka loop Line

　現在の大阪環状線は1961（昭和36）年に全通したもので、それ以前は大阪駅から東西に分かれた、城東線、西成線という2本の路線が存在した。それが、大阪〜天王寺間の城東線、大阪〜西九条間の西成線（一部）の間に、天王寺〜西九条間が加わる形で、現在の大阪環状線が出来上がった。しかし、当初、西九条駅では両側の路線がつながっておらず、西成線から桜島線に変わった終点駅の桜島駅から、大阪、京橋、天王寺の各駅を経由して西九条駅に戻る「の」の字運転が実施されていた。1964年に西九条駅の高架化が実現し、環状運転が実施されるようになった。現在では、関西本線（大和路線）、阪和線・紀勢本線に乗り入れる特急、快速列車（大和路快速、関空快速、紀州路快速）も運転されており、逆「の」の字運転も行われている。

　この大阪環状線は、全線が大阪市内を走る大阪市民の足であり、地元では「環状線」として、オレンジバーミリオンの車両とともに長く親しまれている。なお、一部の路線は関西本線との重複区間であり、かつては貨物線も存在した。

　この大阪環状線には、大阪駅や天王寺駅といった歴史の古い駅が多いが、開通後に開業した新しい駅も存在する。それは1966（昭和41）年の芦原橋駅、1983（昭和58）年の大阪城公園駅で、特に大阪城公園駅は観光客の利用も多い。また、特筆すべきは、弁天町駅で、この駅に隣接して、鉄道ファンには馴染みの「交通科学博物館」があった。この博物館は、1962（昭和37）年に大阪環状線全通記念事業の「交通科学館」として開業。その後に増築され、1990（平成2）年に「交通科学博物館」となった。しかし、JR西日本による梅小路機関車館から京都鉄道博物館への改修・拡張のため、2014（平成26）年に閉館した。

大阪環状線を行く103系。新製車が屋上に冷房装置を搭載し始めた1973（昭和48）年以降の姿だ。非冷房の従来車には1975年から冷房化改造を実施した。1976年には全編成が8両となり、なにわの電車通勤も少し楽になった。◎1973年頃

森ノ宮電車区を横目に大阪環状線を走る103系。運転台下に通風口があり、未だ冷房装置を搭載していない登場から間もない頃の姿だ。101系のみで運転されていたなにわの環状線に103系が投入されたのは、量産車の登場から5年後の1969（昭和44）年だった。◎1977年11月3日

大阪市内を流れる大川を渡り、大阪環状線桜ノ宮へ進入する113系の快速。関西本線奈良〜湊町（現・JR難波）が電化された翌年の1974（昭和49）年より、関西本線から大阪環状線へ直通する快速が設定された。◎1974年9月14日

片町線

Katamachi Line

　片町線は、開業当時の始発駅である片町駅の名称から名付けられている。この片町駅は1997（平成9）年に廃止されたこともあり、現在は京橋駅から木津駅までの路線となっている。1988（昭和63）年から「学研都市線」の愛称が使われ、こちらの方が一般的である。

　大阪府、京都府の郊外区間を多く走る片町線は、自宅や下宿などがある郊外のベッドタウンから、オフィス、学校がある大阪市内に向かう通勤・通学客が利用する路線の性格が強かった。戦前から片町〜四条畷間は既に電化されており、戦後の1950（昭和25）年に四条畷〜長尾間が電化された。1955年には、片町〜鴫野間が複線化されている。1969（昭和44）年に四条畷〜放出間が複線化された。1979年には四条畷〜長尾間が複線化された。1989（平成元）年には木津駅までの電化が完成した。

　この片町線が大きく変わるのは、1997（平成9）年のJR東西線の開業時である。大阪市内の地下を東西に走る新線が誕生したことで、盲腸線だった片町〜京橋間が廃止。一方で、福知山線、東海道本線との直通運転が実施され、通勤・通学客の利便性がアップした。この間、1986（昭和61）年に同志社大学京田辺キャンパスの玄関口となる、同志社前駅が開業。住宅地だけではない、沿線の総合的な開発が進んでいった。乗客がさらに増加し、通勤・通学の流れも変わったことで、1988年から快速列車が運転を開始している。

阪和線とともに淡いオレンジ色の塗装だった片町線の旧型国電。先頭のクハ79は全金属製の車体を載せている。その外観は後継車となる101系へ踏襲された。◎長尾〜片町　1975年7月20日

旧型国電で運転されてきた片町線の電化区間には、101系が後継車として1976（昭和51）年から投入された。貨物線が分岐する放出付近を走る、ウインドウシル・ヘッダーを省かれた新系列電車は斬新だった。◎1977年10月22日

四条畷〜片町間の区間列車として片町線を行く旧型電車。沿線に夏草が茂る浪速の近郊路線で、窓を全開にして走って行った。車体のリベットが厳めしいクハ55は第2次世界大戦前の製造で、新製時には東京地区と大阪地区に振り分けて配置された。◎1975年7月20日

片町線を行く101系の6両編成。片町〜四条畷間の区間列車だ。101系は旧型国電を置き換える目的で1976(昭和51)年から大阪環状線等で運用されていた森ノ宮電車区所属の車両が淀川電車区(現在廃止)へ転入して来た。◎放出　1979年9月8日

放出付近を行く101系。1976(昭和51)年から投入され、翌年に72系を置き換えた。転入前の運転線区であった、大阪環状線用のオレンジバーミリオン塗装のまま運用された。5両中の4両に電動車が組み込まれた強力編成だ。◎1977年10月1日

方向幕には片町〜四条畷とあり、区間列車であることが分かる。101系の5両編成は1976(昭和51)年に当線へ投入されて以来の姿。1978年に103系が6両編成で入線すると、101系も6両に組み替えられた。◎1977年10月22日

101系が片町線の旧型電車を一掃して間もない1979(昭和54)年、新製された103系が6両編成で投入された。1983年からは明石電車区からの転入車を迎え、路線内は103系1色となった。◎放出〜徳庵　1979年9月8日

城東貨物線

Joto-Freight Line

　現在は旅客線の「おおさか東線」として、各界から注目されているのが大阪府内を南北に走る城東貨物線である。その起源は、1929（昭和4）年に開業した片町線の貨物支線であり、淀川〜吹田間からスタートした。当時は東海道本線と関西本線の間を結ぶ路線で、城東線（現・大阪環状線）を補う貨物路線であった。その後、路線は南に延伸し、関西本線と連絡するにあたり、八尾駅、平野駅の両方向に延びるトライアングルの路線が誕生した。現在では、鴫野駅（片町線）〜吹田貨物ターミナル駅（東海道線）を結ぶ路線、正覚寺信号場（おおさか東線）〜平野駅（関西本線）を結ぶ路線の通称として、城東貨物線の名が使われている。

　戦後、沿線住民の間で旅客用に使用する要望が出され、放出〜久宝寺間で複線・電化が進められた。その際には、関西本線の八尾駅の西側の駅で、かつての竜華操車場であった久宝寺駅が南側の起終点駅となった。2008（平成20）年には放出〜久宝寺間が旅客線として開業し、「おおさか東線」と呼ばれるようになった。今後、2019年春までには、北側の吹田〜放出間が開業する予定である。現在、北側の起終点駅となっている放出駅は、片町線（学研都市線）と接続しており、放出駅は関西における難読駅（地名）の代表格としてよく知られている。

1次型のD51が牽引する貨物列車。吹田から城東貨物線へ続く築堤上を進む。形式入りの番号板が誇らしい25号機は、「なめくじドーム」の後ろに重油タンク。ランボードの上に動力逆転機を装備している。◎1969年12月

吹田操車場を後に城東貨物線へ入って行くD51牽引の貨物列車。264号機は竜華機関区の配置。1960年代は主に城東貨物線の貨物輸送を担った。集煙装置は亀山機関区時代に鷹取工場で取り付けられた。◎1969年12月

関西の鉄道路線図（昭和初期）

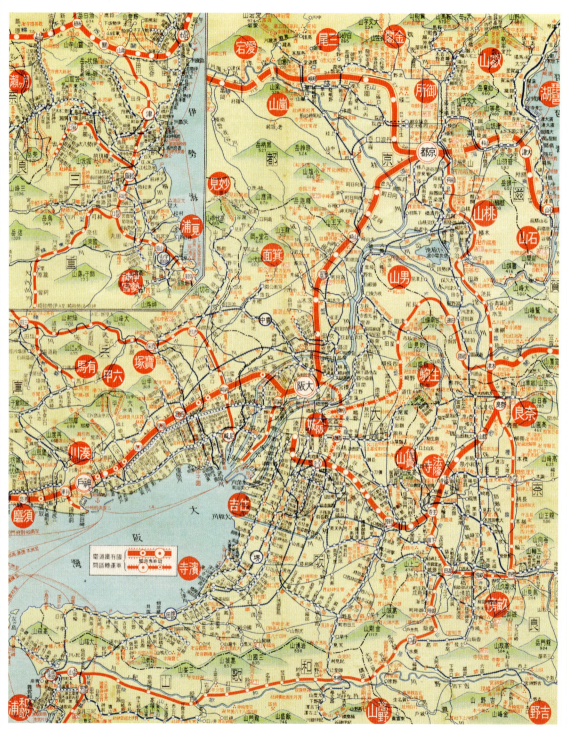

昭和初期に時刻表へ掲載された関西地区の鉄道路線図。国鉄路線は太い赤線で描かれている。現在も京阪神間を結ぶ大手私鉄は、当時の社名路線名で記されている。また、すでに廃止されて久しい鉄道名が各地に散見され、今となっては歴史を探訪する上で価値の高い図面だ。その一方で、各地の景勝地や山海に加え、沿線の寺社等が克明に記載されている。読者を思わず汽車に乗ってどこかへ行きたくさせる観光地図でもある。

2章
関西本線、紀勢本線の沿線

関西本線

桜井線

紀勢本線

阪和線

関西本線と周辺の支線で運転されていた蒸気機関車の基地となっていた奈良運転所。区の出入線付近には給炭設備があった。大規模な施設らしく、大型のガントリークレーンが設置されていた。◎1971年11月8日

関西本線

Kansai Line

　関西本線は、JR難波駅(大阪市)から王寺駅(奈良県)、加茂駅(京都府)、柘植駅(三重県)などを経由して、名古屋駅(愛知県)に至る路線である。起源は、明治期に建設された大阪鉄道、奈良鉄道、関西鉄道といった私鉄であり、関西鉄道に統一された後の1907(明治40)年に国有化された。1909年に湊町(現・JR難波)～名古屋間の名称が関西本線となった。

　この関西本線は、第二次世界大戦中の1944(昭和19)年、資材供出のため、奈良～王寺間が単線化された歴史がある。戦後しばらくはそのままだったが、1961(昭和36)年に再び複線となった。同年、湊町～奈良間が気動車に統一されている。1967年には天王寺～平野間が高架化され、1968年には天王寺～新今宮間が複々線化され、大阪環状線との分離運転が開始された。1973年には奈良～湊町間が電化された。電化区間はさらに東に延び、1984年に奈良～木津間、1988年に木津～加茂間が電化された。現在は、東側の名古屋～亀山間も電化されているが、加茂～亀山間は非電化のままである。

　西側の電化区間であるJR難波～加茂間は、大和路線の愛称で呼ばれ、大阪環状線に乗り入れる「大和路快速」が運転されている。関西本線と大阪環状線を直通する快速列車は、1973年から運転され、当初は休日のみであったが、現在は1時間に4本の割合で運転されている(日中と土休日ダイヤの夜間)。しかし、現在もまだ、木津～加茂間は単線区間であり、ダイヤ構成上のネックとして残っている。

1973(昭和48)年10月1日に関西本線湊町(現・JR難波)～奈良間が電化開業。大阪環状線内に位置する関西本線尾終点湊町駅では、開業の式典が執り行われた。地上駅時代のホームを飾る空が高い。◎1973年10月1日

関西本線と大和川が絡む高井田〜河内堅上間を行くキハ36を先頭にした快速。同系の3扉車を連ねた6両編成は都市間の大量輸送に対応した編成で、非電化時代における関西本線のサービス向上に貢献した。◎1973年9月24日

貨物列車を牽引して電化された関西本線を行くDD51。大和川の谷間に続く山間区間で、紫煙を燻らせながら力行していった。◎高井田〜河内堅上　1982年10月9日

高井田～河内堅上間をオレンジバーミリオン塗装の101系が走る。1982(昭和57)年に起こった王寺駅の水害で使えなくなった車両の代替として、首都圏からやって来た車両だ。正面や扉に、誤乗防止の「関西線」と書かれたステッカーを貼っている。
◎1982年9月4日

河内堅上～三郷間を行く101系。中央・総武緩行線用の車両が転属して来たカナリアイエロー塗装の編成だ。1982(昭和57)年に起こった王寺駅での水害で使用できなくなった車両の代替として、関西本線用に集められた。◎1982年10月9日

上2枚と同じく水害で廃車となった101系の代替車には、中央本線快速に充当されていた車両も含まれていた。同車は正面に黄色の警戒塗装を追加され、緑地に白文字で「関西線」と書かれたステッカーを貼っていた。◎河内堅上～三郷　1982年10月9日

画面手前に幾条もの留置線が並ぶ王寺駅構内。当駅より分岐する和歌山線の気動車列車が5番乗り場へ入って来た。和歌山線王寺〜五条間が電化されたのは1980（昭和55）年。関西本線湊町〜奈良間が電化開業してから7年が経っていた。◎1980年2月24日

関西本線法隆寺〜王寺間の大和川橋梁を渡るDD51が牽引する貨物列車。電化後の関西本線に電気機関車が入線することはなく、亀山機関区等に所属するディーゼル機関車が貨物運用を受け持った。◎1974年9月14日

2章 関西本線、紀勢本線の沿線【関西本線】 75

奈良駅を発車したキハ35が先頭の湊町行き快速。客室扉を3か所に備え、片運転台車のキハ35・キハ36は大都市近郊区間である関西本線湊町〜奈良間の輸送力増強を目的として開発された。◎1973年1月28日

関西本線の湊町〜奈良間では、3扉の新鋭車両キハ35、36が投入された後もしばらくの間、ひと世代前の気動車であるキハ16、17等が快速列車の運用に就く姿を見ることができた。◎1972年10月8日

高い日差しの中、草いきれに包まれた線路の向うから、D51が荷物列車を牽引して来た。403号機は長野地区で運用された後、1960年代に入って紀伊田辺機関区、奈良運転所と関西地区へ活躍の場を移した。◎1973年5月5日

D51牽引の貨物列車が関西本線奈良駅を発車して行く。船底型の炭水車を装備する1007号機は1944(昭和19)年製の戦中派。酒田、高崎第1機関区等の所属を経て、1965年に奈良運転所へ配属された。◎1973年1月28日

D51が牽引する貨物列車が、白煙をたなびかせて奈良駅を発車して行く。編成の中程には緩急車が見える。途中駅で2本の列車を1本にまとめた併結列車のようだ。◎1973年1月28日

地上駅時代の奈良駅ホームからは、西側に扇形庫のある奈良運転所の様子を眺めることができた。下部が煉瓦積みの給水塔を背景に2両のD51が休む。炭水車には石炭が高く盛られ、出区間もない様子だ。◎1973年1月28日

関西本線が電化され、機関区が置かれていた王寺には、電車の保守点検を行う施設が整備された。黄緑6号塗装を纏い、正面に警戒色の黄色をあしらった普通列車用の101系が肩を並べている。◎1982年8月7日

荷物列車の先頭に立つのはD51831号機。関西本線で蒸気機関車が運転されていた末期の1972（昭和47）年に福知山区より奈良運転所へ転属して来た。奈良へ移ってから除煙板にツバメのマークを装着した。◎1973年9月2日

寒気の中、高らかに白煙を上げて木津駅を発車するD51牽引の荷物列車。関西本線では客車列車が気動車化された後も、荷物車で組成された専用列車が蒸気機関車牽引で運転されていた。◎1973年1月28日

木津駅に停車するD51牽引の貨物列車。貨物輸送華やかりし時代の木津駅には貨物の操車場が隣接していた。入れ替え用の機関車は本線よりも一足早く、ディーゼル機関車に置き換えられていた。◎1973年9月2日

後藤工場で切取り式除煙板を装着され、特異な風貌が愛好家の注目を集めていたD51499号機。1972(昭和47)年に14年間余り在籍した福知山機関区から亀山機関区へ転属。さらに奈良運転所へ移って晩年を関西本線、参宮線で過ごした。◎1972年6月24日

桜井線

Sakurai Line

　奈良県内を走るローカル線のひとつがこの桜井線で、奈良駅と高田駅を結んでいる。奈良駅では関西本線、高田駅では和歌山線と結ばれており、2010（平成22）年から「万葉まほろば線」の愛称が使用されている。この線には、三輪、畝傍、香具山駅といった古代ロマンをうかがわせる駅が多数ある。飛鳥、奈良時代の遺跡、古寺なども多数存在し、歴史散策などに訪れる人も多い。「万葉集」に詠まれた大和三山、三輪山などを車窓から眺めることもできる。

　また、地図を見れば分かるように、この線は奈良駅から南下した後に桜井駅で西へ向きを変え、高田駅に至ることとなり、桜井駅の南東方面に他のJR路線は存在しない。一方で、ライバルの近鉄には、東側の三重・愛知（名古屋）方面へ向かう大阪線が存在し、南側では樫原神宮駅を通る南大阪線、橿原線、吉野線のネットワークがある。そのため、近鉄線に比べて、JR線の利用者はそれほど多くなかったが、近年は徐々に利用者も増えている。

　桜井線の歴史は、明治中・後期の大阪鉄道、奈良鉄道にさかのぼり、両線が関西鉄道にまとめられた後の1907（明治40）年に国有化された。大正時代から蒸気動車が運転されており、戦後の1955（昭和30）年に気動車に統一された。1980（昭和55）年には、奈良～高田間が電化されたものの、全線が単線である。

黒煙を燻らせて停車するD51の傍らを、キハ58等で組成された3両編成の列車が通過して行った。ホーム上のタブレット受け取り装置に乗務員がキャリアを投げ入れようとしている。◎1972年4月5日

単機回送のD51が若干の煙を纏わせて、駅職員が見送る帯解駅を発車した。長編成の貨物列車等に備えてか、構内の上下線はホームよりもかなり長く敷設されている。◎1972年4月5日

沿線に家屋が建ち並ぶ単線区間。青い旧型客車で組成された列車を率い、D51が絶気でやって来た。機関車は軽快に走る抜けるも傍らを通過する時には、罐の熱気が薫風に乗って伝わってきた。◎1972年4月5日

2章 関西本線、紀勢本線の沿線【桜井線】

紀勢本線の和歌山〜新宮間が非電化区間であった時代には、キハ58等で運転されていた急行「きのくに」は、特急「くろしお」とともに白浜等へ向かう観光輸送の主力だった。先頭に立つキハ28は運転席窓がパノラミックウインドウになった末期製造の増備車。◎1972年5月3日

紀勢本線

Kisei Line

　和歌山県の和歌山市駅と三重県と亀山駅を結ぶ紀勢本線は、紀伊半島を一周する路線であり、和歌山側では特急「くろしお」が京都・大阪〜白浜・新宮間を結んでいる。一方、亀山(名古屋)側では特急「(ワイドビュー)南紀」が和歌山県勝浦町の紀伊勝浦駅まで運転されている。この紀勢本線のうち、JR西日本が管轄する和歌山〜新宮間は、「きのくに線」と呼ばれている。

　和歌山側の路線は、明治後期から大正初期にかけて、私鉄の紀和鉄道や新宮鉄道として開業した歴史をもつ。また、1924(大正13)年には、国鉄の紀勢西線が和歌山(現・紀和)〜箕島間で開通。一方、新宮鉄道は1934(昭和9)年に国有化され、新宮〜紀伊勝浦間が紀勢中線となった後、1940年に紀勢西線に編入され、この年に延伸した区間を含めて、初代和歌山〜紀伊木本(現・熊野市)間が紀勢西線となっていた。紀勢本線の全通は、三重県内の路線がつながった戦後の1959(昭和34)年である。

　こうした歴史でもわかるように、紀勢本線の成立は複雑で、和歌山側の起点も変遷した経緯がある。初代の和歌山駅は、1898(明治31)年に紀和鉄道の起終点駅となった現在の紀和駅である。しかし、その後に東和歌山(現・和歌山)駅に中心駅の座を譲り、1968(昭和43)年に現在の駅名に改めた。東和歌山駅は1924(大正13)年に開業し、1968年から現在の名称である和歌山駅を名乗り、阪和線と結ばれている。また、この西側には、1903(明治36)年に開業した南海と連絡する和歌山市駅が存在し、この駅が紀勢本線の西側の起終点駅となっている。

　この紀勢本線は、和歌山〜紀伊田辺間が複線区間である。また、和歌山市〜新宮間が電化され、「くろしお」が283・287・289系の電車特急、「南紀」がキハ85系の気動車特急となっている。

旧国鉄のキハ55に準じた仕様である南海所属の気動車を先頭にして急行「きのくに」がやって来た。車窓には所々漆喰で補強された瓦屋根が目立つ、漁師町の風景が広がる。
◎1972年5月3日

1950(昭和25)年に天王寺〜白浜間の臨時準急「黒潮」として運転を始めた紀勢本線の優等列車。1965年に和歌山機関区にキハ82系が配属され、特急「くろしお」が運転を開始した。◎1972年5月3日

2章 関西本線、紀勢本線の沿線【紀勢本線】 85

紀勢本線は紀伊半島の沿岸部を回る亜幹線である。近代化の一環として、旅客列車の無煙化が昭和30年代から推進されてきた。本線用の量産形ディーゼル機関車であるDF50は製造当初から当路線に投入された。◎1972年5月3日

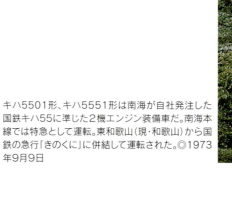

キハ5501形、キハ5551形は南海が自社発注した国鉄キハ55に準じた2機エンジン装備車だ。南海本線では特急として運転。東和歌山(現・和歌山)から国鉄の急行「きのくに」に併結して運転された。◎1973年9月9日

温暖な和歌山県下の海沿いでは桜の花がほころび始めていた。その下をキハ58等で組成された急行「きのくに」が通り過ぎる。全ての車両は冷房装置を搭載し、季節を問わず快適な列車旅を楽しめるようになり始めた1970年代。◎加茂郷〜冷水浦　1982年3月23日

湾口の向うに海南市の工業地帯を見渡す、紀勢本線冷水浦付近を行くEF15牽引の貨物列車。1978（昭和53）年に和歌山操車場-新宮間が電化されて以来、竜華機関区所属のEF15が紀勢本線の貨物列車を担当した。1981年11月5日

旧型客車を牽引するC58が、煙突から白煙を吐きながら紀勢本線を行く。32号機は和歌山、紀伊田辺機関区と紀勢本線沿線の列車基地を渡り歩いた。勾配区間に対応すべく、集煙装置と重油タンクを装備している。
◎1964年3月15日

1958(昭和33)年に全車座席指定の準急列車として運転を開始した「きのくに」。準急時代の末期にはキハ58等の急行型気動車を連結していた。「きのくに」が急行に格上げされたのは1966(昭和41)年3月だった。◎1964年3月15日

紀勢本線岩代〜切目間を行く急行「きのくに」。曲線を描く線路の下方には砂浜が続いている。◎1978年12月5日

初島〜下津間を行く準急「きのくに」。キハ58等の急行型気動車を使っている。初島駅の周辺には大規模な石油工場があり、沿線に煙突やタンク類が並ぶ中を鉄道が横切っていた。◎1964年3月15日

紀勢本線紀伊宮原〜藤波間で、長大な有田川橋梁を渡るキハ82系の特急「くろしお」。近代的な風貌を湛えるコンクリート橋梁の周辺は水田やミカン畑が広がる長閑な光景が広がる。◎1973年9月9日

南部〜岩代間。海側に突き出した岩場の通称「高磯」から南部方を望む。急行「きのくに」の3両目に連結されているキロ28のグリーン帯は消され、数多く運転されていた急行も落日が近いことを予感させた。◎1976年1月24日

紀勢本線西部の主要都市、和歌山と紀伊田辺を結ぶ区間は、1960年代から70年代にかけ複線化された。黒潮が打ち寄せる岩代駅界隈では1968(昭和43)年に切目〜岩代間、1970年に岩代〜南部間が複線化。紀伊田辺までの複線化は1978年に完成した。◎岩代〜南部　1978年10月2日

太平洋に面した岩代〜南部間を行くキハ35、36で組成された4両編成の普通列車。路線内の気動車化が進む中で、ロングシート仕様の通勤型車両も姿を見せるようになった。◎1976年1月24日

電化前の紀勢本線西部を行く新宮行き普通列車。先頭の車両はキハ36だ。運転区間が100キロメートルを超える列車も設定されている紀勢本線で、ロングシート車が主力の一部を担い運用されていた。◎椿　1976年9月15日

波静かな入り江、玉ノ浦沿いの下里〜紀伊浦神間を行くEF15牽引の貨物列車。編成の両端部を車掌車が固め、黒と茶色の有蓋車に無蓋車、タンク車が入り混じった模型のような編成だ。◎1978年10月20日

キハ58等を用いた急行「きのくに」は特急「くろしお」の登場後も大阪と南紀を結ぶ列車として残されてきた。しかし、年を追うごとに特急への格上げという形で「くろしお」に吸収され、1980年代に姿を消した。◎1982年11月3日

気動車が残った急行に対して、電化以降の紀勢本線では普通列車の電車化が進められていった。新快速ブルーライナー風の塗装となった111、113系は紀州路の青い風景に良く馴染んだ。◎1982年11月3日

振り子機能を備える381系電車の特急「くろしお」は、急曲線区間が多い紀州路へ投入され、所要時間の短縮に貢献した。◎1982年11月3日

天王寺駅に入線する大阪環状線の103系。1970年代後半に入ると103系が関西本線、環状線、阪和線の普通列車を席巻。◎1977年9月25日

走行試験を行う101系が、天王寺駅環状線ホーム間の中線に停車している。中央、総武緩行線からの転属車らしく車体は黄5号の塗装だ。車両の正面には運転台の下から測定機器へ延びるケーブルが貼り付けられている。◎1982年8月22日

阪和線

Hanwa Line

　大阪市内の天王寺駅と和歌山市の和歌山駅を結ぶ阪和線は、南海本線と競合しながら走る南近畿の幹線である。また、大阪市内では南海高野線、阪堺電気軌道、大阪メトロ（市営地下鉄）といった、他のライバル路線の存在も多い。そして、このJR路線も、戦前は私鉄路線であった。1929（昭和4）年、阪和電気鉄道が阪和天王寺（現・天王寺）〜和泉府中間を開業。翌1930年に阪和東和歌山（現・和歌山）間まで延伸した。その後、1940年に南海鉄道に吸収合併されて山手線となったが、1944年に国有化された歴史がある。当時、大阪と和歌山を直結する国鉄はなく、第二次世界大戦中の国策のひとつであった。

　戦前から既に電車が走る路線であり、戦中に国鉄に組み込まれたことで、戦後は大阪・京都方面から和歌山・南紀方面に至る特急が走る主要路線となった。また、沿線では大阪へ通う人々が暮らすベッドタウン化が進み、快速・新快速が走ることとなる。さらに、この路線がクローズアップされるきっかけは、1994（平成6）年の関西国際空港の開港であった。関西における新国際空港の誕生により、阪和線では関空特急「はるか」、関空快速の運転が始まり、翌年には関空特急「ウイング」も加わった。なお、この年9月の関西国際空港開港の3か月前、6月には阪和線の日根野駅から関西空港駅に至る関西空港線が開業している。

1978(昭和53)年10月2日、紀勢本線の和歌山〜新宮間が電化され、特急「くろしお」は381系での運転を開始した。当日の天王寺では出発式が執り行われた。列車の前にテープ、くす玉等が用意されている。◎1978年10月2日

天王寺駅の行き止まりホームには阪和線の列車が発着する。多彩な形式が集まり、関西における旧型国電の宝庫といわれた当線だが、1970年代後半になると通勤型電車として一大勢力を築いていた103系が、主役に取って代わろうとしていた。◎1975年7月26日

大阪市阿倍野区にある桃ヶ池の畔に線路が敷設されていた高架化前の阪和線美章園〜鶴ヶ丘間。40系を主にした4両編成の快速列車が、水面に影を落として市街地を軽やかに滑って行った。◎1975年7月26日

70系4両編成の普通。天王寺〜鳳間の区間列車だ。阪和線用の電車が配置されていた鳳電車区の70系は、他の旧型国電が車体を淡いオレンジ色に塗られていたのに対して、青2号とクリーム2号の2色塗りであるスカ色塗装だった。◎杉本町〜浅香　1975年7月26日

個性的な顔立ちから愛好家の間で「ブルドック」と呼ばれたキハ81。上野～青森間の特急「はつかり」に充当された特急用気動車は、「いなほ」「ひたち」に転用された後、1972(昭和47)年に「くろしお」の運用へ活路を見出すべく、和歌山機関区に転入してきた。◎浅香～杉本町　1975年7月26日

天王寺～鳳間の区間列車は103系で運転。市街地で池の畔を走る区間が点在していた美章園～杉本町間は上り線が2004(平成16)年、下り線が2006年に高架化された。◎1975年7月26日

阪和線を行く快速は72系と70系の6連。大和川の河原へ下りて見上げた。両形式はともに第2次世界大戦後の混乱が冷め切らない1950年代、都市部の大量輸送に貢献した戦後生まれの電車だ。◎杉本町～浅香 1975年7月26日

和歌山平野を遠望する紀伊〜山中渓間の山越えに挑む、貨物列車を牽引するEF15202号機。同形式の最終番号機だ。編成の途中に緩急車や荷物客車が混じり、いくつかの列車を併結している様子を窺える。◎1982年3月23日

阪和線は大阪天王寺と和歌山を結ぶ大阪の近郊路線だ。阪和鉄道が1929(昭和4)年に阪和天王寺〜和泉府中間を開業して以来、山中渓〜紀伊間等の山間部を含め、当初より全て複線電化路線として建設された。◎1982年3月23日

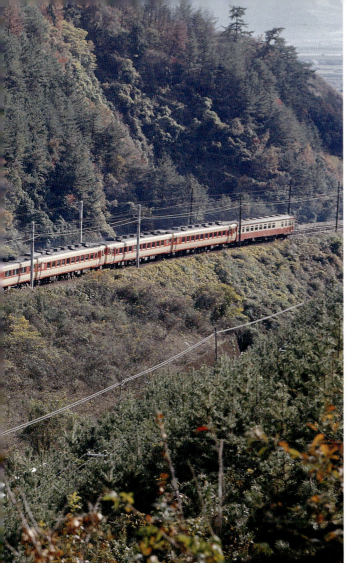

山中渓へ向かって勾配区間を上るキハ58等で組成された急行「きのくに」。ほぼ全ての車両に冷房機器を搭載し、グリーン車を2両組み込んだ豪華な編成だ。最後部には郵便荷物合造車のキハユニ16が連結されている。◎1974年11月30日

阪和線の山間部を行く103系の区間快速。旧型電車を置き換えていく中で、221系等の次世代電車が登場するまで、通勤型電車は113系に混じって快速等、速達便に主力として充当された。◎1982年3月23日

山中渓〜紀伊間は大阪府と和歌山県の県境付近。和歌山県側では大小のトンネルが続く。湯屋谷第2トンネルを潜り、紀勢本線へ向かう381系の特急「くろしお」が現れた。◎1982年3月23日

大阪府と和歌山県を隔てる山中渓〜紀伊間の山越え区間を行くキハ82系特急「くろしお」。紀勢本線が非電化であった時代には、気動車特急が阪和線を頻繁に往来した。◎1973年11月23日

方向幕に赤字で書かれた「快速」が誇らしく映る。阪和線の「快速」は和歌山の他、紀勢本線御坊、紀伊田辺まで乗り入れる列車もあった。103系で運転されていた当時、天王寺-和歌山間を最速56分で駆け抜けた。◎六十谷〜紀伊中ノ島 1982年7月4日

六十谷～紀伊中ノ島間を流れる紀ノ川を渡る381系の特急「くろしお」。1978(昭和53)年から紀勢本線へ直通する特急は電車化され、その姿は古くからの電化路線である、阪和線でも運転当初より良く馴染んだ。◎1982年7月4日

1962年6月の東海道本線時刻表

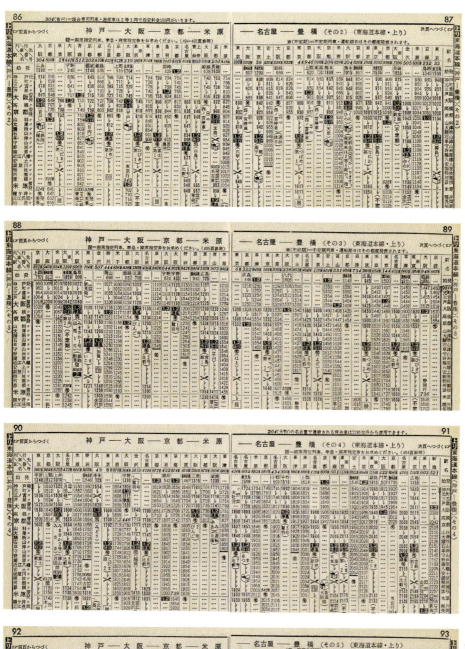

東海道新幹線開業前夜の東海道本線上り（神戸～米原）の時刻表。「こだま」「つばめ」等の看板特急に加え、伝統の長距離列車名だった「富士」も昼行列車として運転されている。また特急に伍して多数設定されていた急行列車群の列車名にも目を惹かれる。

3章
山陽本線、山陰本線の沿線

山陽本線　　山陰本線
福知山線　　加古川線
播但線　　　高砂線

和田山駅に停車する2本の急行列車。当駅には京都と山陰東部を結ぶ列車が通る。それに加え、大阪から福知山線経由で山陰本線へ乗り入れる列車。また播但線経由の急行「但馬」等も停車し、優等列車同士の離合シーンも見られた。◎1984年2月5日

塩屋〜須磨間を行く上り特急「しおじ」。山陽新幹線の岡山開業後も181系で運転した最後の山陽特急だった。岡山方の先頭車クロハ181は元クロ151。東海道本線の特急「つばめ」「はと」に連結された「パーラーカー」だ。©1969年12月1日

山陽本線

San-yo Line

　山陽本線は兵庫県の神戸駅と福岡県の門司駅を結ぶ路線である。兵庫県内では、大阪湾と瀬戸内海沿いを西に進むことになるが、相生駅から先は山沿いに入り、海側は本線から分かれた赤穂線が行くこととなる。山陽新幹線の開通前は、この山陽本線が東京・大阪と中国（山陽）・九州を結ぶ陸のメイン・ルートであった。そのスタートは、山陽鉄道時代の1888（明治21）年、最初の開業は兵庫〜明石間で、官営鉄道（東海道本線）の神戸駅と結ばれるのは1889年であった。

　戦前から神戸〜西明石間は電化されており、関西における国電の運転区間ではあったが、戦後の1958（昭和33）年には、明石〜姫路間が電化される。翌年に上郡駅まで、1960年に倉敷駅までと電化区間は延伸し、電気機関車、電車が活躍する区間が延びていった。また、1972年の山陽新幹線の新大阪〜岡山間の開業までは、「つばめ」「はと」といった有名な特急に加えて、「しおじ」「しおかぜ」という電車特急も運転されていた。また、ブルートレインの「富士」「あさかぜ」などが山陽本線を駆け抜けて、九州各地へ向かっていた。

　1970年代に関西の通勤・通学客に重宝されるようになった「新快速」は、当初から西明石駅が起終点であったが、間もなく姫路駅からスタートする列車も登場する。現在では、さらに西への運転区間が伸び、山陽本線の上郡駅、赤穂線の播州赤穂駅が最も西の始発・終点駅となっている。

　この山陽本線には、神戸市内を走る支線の和田岬線の存在がよく知られている。全長2.7キロの短い路線で、山陽本線と連絡する兵庫駅と、終着駅の和田岬駅の2駅だけが置かれているが、以前は鐘紡前駅が存在した。貨物輸送が中心であったが、現在は朝夕のラッシュ時に通勤客のみを輸送している。この支線が電化されたのは遅く、2001（平成13）年であり、現在は電車が運行されている。

山陽本線を行く特急「うずしお」。宇野線が全線電化された翌年の1961(昭和36)年に、大阪-宇野線宇野間へ設定された四国連絡の昼行列車だった。当初は151系が充当され、東海道本線の特急以外で始めて「パーラーカー」クロ151が連結された。◎塩屋〜須磨 1969年12月1日

481系の11両編成で運転されていた特急「みどり」。山陽新幹線が全通する前年の1974(昭和49)年には、大阪に発着する1往復の内下りが大分着。上りが宮崎発となっていた。◎須磨〜塩屋 1975年2月9日

山陽本線を走る153系の急行。自慢のヘッドマークには列車名が入っていない。グリーン車2両を連結していた優雅な時代だ。普通列車は茶色、貨車は黒が基調で、近代化された優等列車の華やかさが際立っていた。◎須磨付近 撮影日不詳(1960年代後半)

3章 山陽本線、山陰本線の沿線【山陽本線】

国道2号を隔てて見える須磨浦公園の松並木が、日本の海岸線らしい情緒を誘う山陽本線須磨－塩屋間。ゆったりとした曲線を描く複々線。下り快速線上をEH10が牽引する貨物列車が走って行った。◎1975年2月9日

コンテナ車で組成された特急貨物を牽引して、強力機EF66がやって来た。1000トンの貨物を時速100キロメートルで牽引する性能を目標に設計され、1968（昭和43）年から製造された。8号機は運転台の上に日避けが取り付けられていない新製時に近い姿だ。◎須磨～塩屋 1978年3月26日

塩屋～須磨間を行く113系の米原行き快速。後ろから4両目にグリーン車のサロ110を連結している。サロを含む基本編成8両が高槻、宮原電車区の所属。サロ抜きの7両編成が明石電車区の所属車両だった。◎1978年4月13日

線路沿いに植えられた松の木が、画面から潮風を感じ取らせる山陽本線舞子界隈。旧国鉄が車両を近代化する中で登場した湘南色の113系が、いにしえの街道筋を彷彿とさせる長閑な情景に馴染んでいる。

須磨〜塩屋間の緩行線を走る103系の西明石行き普通。背景に見える赤い施設は須磨海づり公園。線路沿いに続く堤防の向うは須磨浦海岸である。車窓からは瀬戸内の情景を楽しむことができる。◎1978年3月26日

元「パーラーカー」クロハ181が東海道特急の全盛期を偲ばせる特急「ゆうなぎ」。東海道新幹線の開業で廃止された特急「富士」の運転区間で新大阪以西を引き継ぐ列車として1964(昭和39)年10月に設定された。◎塩屋～垂水　1970年8月

舞子～垂水間を行く153系の準急「びんご」。サン・ロク・トオと呼ばれた1961(昭和36)年10月のダイヤ改正で新設された。大阪と山陽本線三原を結ぶ列車だった。◎1972年1月30日

舞子～垂水間を行く特急「はと」。「つばめ」とともに東海道の大看板だった列車名は、東海道新幹線の開業で大阪～博多間を結ぶ列車に受け継がれた。寝台用電車の583系が充当されている。◎1972年1月30日

加古川～東加古川間を行く113系の草津行き普通列車。4両で1ユニットの編成を3つ繋げた12両編成だ。列車の長さも運転区間もJR化後の山陽本線に比べると、幹線の普通列車らしい。後方は旧・高砂線。◎1982年11月8日

3章 山陽本線、山陰本線の沿線【山陽本線】　117

雲一つない快晴の下、相生〜竜野間を80系の普通列車が行く。岡山電車区には1964(昭和39)年から80系が配置され、1960年に上郡〜倉敷間が電化されてからも山陽本線に残っていた客車列車等を置き換えていった。◎1977年10月26日

姫路駅では播但線が構内の東側に分岐している。そのため山陽本線と播但線を経由する列車は一旦ホームに停車した後、逆方向に進むスイッチバック運転を行う。特急の「はまかぜ」も例外ではない。◎1978年6月18日

正面2枚窓の湘南型が有名な80系電車だが、1949(昭和24)年から製造された20両のクハ86は正面非貫通3枚窓の姿で登場した。電化進展で山陽路へ移った初期型のクハ86は1970年代後半まで、幹線上で活躍する姿を見ることができた。◎相生〜竜野　1977年10月26日

下り急行「但馬」が姫路市郊外を流れる市川を渡って行く。神戸と兵庫県北部の豊岡を播但線経由で結ぶ列車は1952(昭和27)年に快速として設定された。準急化を経て1966年に急行となった。◎姫路〜御着　1980年9月15日

山陰本線

San-in Line

　山陰本線は、京都市の京都駅と山口県の幡生駅を結ぶ全長676.0キロの路線で、京都府、兵庫県の日本海側を西に向かって進むこととなる。その歴史は、私鉄の京都鉄道にさかのぼり、兵庫県側は阪鶴線（阪鶴鉄道に貸与）、播但線として建設されたものである。京都駅から発車する特急・急行列車も存在したが、大阪駅からは福知山線などを経由して、山陰方面に向かう列車も多く、1970年代までは蒸気機関車も活躍していた。電化の歴史は他の幹線に比べて遅れ、1986（昭和61）年に福知山〜城崎（現・城崎温泉）間が電化され、京都側では1990（平成2）年に京都〜園部間、1995年に綾部〜福知山間、1996年に園部〜綾部間と少しずつ進んだ。現在も、城崎温泉駅より西は非電化区間である。

　都市近郊の路線でありながら、電化とともに高架化も遅れていた。1976（昭和51）年に、京都〜二条間が高架化されて丹波口駅が移転した。1989（平成元）年には嵯峨〜馬堀間が複線の新線に切り替わり、太秦駅が開業している。このときに残された旧線は、1991（平成3）年に嵯峨野観光鉄道嵯峨野観光線として開業し、以後は観光用のトロッコ列車として人気を集めることとなる。1996（平成8）年には二条〜花園間が高架された。2000（平成12）年には、二条〜花園間が複線化され、円町駅が開業した。2008（平成20）年には、花園・嵯峨嵐山間が高架化された。単線だった路線も次第に複線化され、園部駅まで延びている。

　この間、1972（昭和47）年に梅小路蒸気機関車館が開業し、京都鉄道時代に本社として開業した旧二条駅の駅舎は、同館に移築された。現在は、京都鉄道博物館の展示資料館としての役割を果たしている。新しくなった京都〜園部間では、通勤・通学路線の役割が強化されて、1988（昭和63）年から「嵯峨野線」の愛称が使用されている。

二条駅でキハ55系を先頭にした普通列車と交換する「あさしお」。キハ82系時代には4往復体制で運転していた。城崎、鳥取、米子行き。それに旧宮津線（現・北近畿タンゴ鉄道宮津線）経由の城崎行きと、それぞれの列車は着発駅、経路が異なっていた。◎1976年7月25日

京都駅の山陰本線ホームに停車中の特急「あさしお」。キハ181系は伯備線電化で捻出された特急「やくも」用の車両を、1982（昭和57）年よりキハ82系に替えて充当した。◎1984年4月7日

キハ58等で組成された急行「丹後」が京都駅の山陰本線ホームに停車中。旧宮津線（現・京都丹後鉄道宮津線）網野、小浜線経由で敦賀行きの編成を併結している。「丹後」には城崎、福知山行きの列車もあった。◎1984年4月7日

京都駅の山陰本線ホームに停車する普通列車はキハ47の8両編成。園部、亀岡から満載してきた通勤客を降ろして、一息ついているところだ。非電化路線であっても、都会の朝はせわしない。1979年3月5日

快速運用に就く気動車4両編成が山陰本線二条駅を出発して行く。キハ47がキハ20と10系気動車を挟む。車体断面が大きく異なる車両が並ぶ様は、一般型気動車の進化過程を見るようである。◎1978年6月17日

二条駅のホームに旅客列車、貨物列車を牽引するDD51が顔を揃えた。貨物の多くは特徴的な形のセメントホッパ車だ。側線には自動車運搬用のク5000も見える。貨物輸送に活気があった1980年代の情景だ。◎1980年7月21日

二条駅で交換するキハ82系の特急「あさしお」とキハ58等で運転する急行「丹波」。頭上を遮るものが少ない非電化の駅構内で青空の下、赤をとクリーム色の旧国鉄色が華やかな場面を演出した。◎1980年7月21日

DD51に牽引されて旧型客車で組成された普通列車が二条駅を離れて行った。最後尾の客車はオハフ33。続いて軽量客車のナハフ11、スハ43と続く。台車に目をやってもそれぞれに形式が異なり、非常に興味深い眺めだ。◎1980年7月21日

蛇行する保津川が深い渓谷をつくる保津峡付近に山陰本線の保津峡駅があった。烏ケ岳の稜線から続く山裾に、へばりつくように建設された小駅だが列車の交換施設を備え、上下列車が頻繁に離合した。◎1982年6月12日

香住〜鎧間で矢田川を渡るキハ58等で組成された急行列車。兵庫・鳥取県境付近の山陰本線には「大社」「だいせん」等が通る。いずれも異なる終着駅を持つ編成を併結した列車だった。◎1978年3月26日

長らく客車が旅客輸送の主役だった山陰本線。九州の門司と福知山を結ぶ824列車をはじめ、本線とは言うものの長大な地方路線である山陰本線には数百キロメートルにわたる運用を担う列車が数多く運転されていた。◎香住　1978年3月26日

生瀬付近を行くキハ82系の特急「まつかぜ」。1961年10月1日のダイヤ改正より、京都〜大阪〜松江間で運転を始めた。その後運転区間を鹿児島本線博多まで延ばした。しかし、山陽新幹線開業後は関西の下り列車が大阪始発。上りが新大阪を終点としていた。◎1978年3月26日

福知山線
Fukuchiyama Line

「JR宝塚線」の愛称があり、通勤・通学路線のイメージが強い路線であるが、もともとは大阪〜舞鶴間の路線を計画していた私鉄の阪鶴鉄道がルーツであり、さらに遡れば、尼崎〜伊丹間を結んでいた川辺馬車鉄道(後に摂津鉄道)の歴史もある。1907(明治42)年に国有化されて国鉄の阪鶴線となり、1912(明治45)年に福知山線となった。起点である尼崎駅は、東海道線の開業当初は神崎駅と呼ばれており、後の尼崎港駅が「尼ヶ崎駅」であった。1949(昭和24)年に市名に合わせて、神崎駅から尼崎駅に改称されている。

福知山線は、最も南側の尼崎〜塚口間が1956(昭和31)年に電化された。この先は単線であり、1979年にようやく北伊丹駅まで複線化された。翌1980年に宝塚駅まで複線化、1981年に電化されている。1986年に新三田駅までの複線化と福知山駅までの電化が完成し、全線が電化区間となった。この年、西宮名塩駅と新三田駅が開業している。その後、篠山口駅までの複線化が行われたが、篠山口〜福知山間は、今も単線区間のままである。

現在、特急「こうのとり」が花形列車であるこの路線では、特急「まつかぜ」、急行「だいせん」が運行されていた歴史がある。この特急名は「北近畿」を経て、2011(平成23)年に「こうのとり」に統一された。

福知山線生瀬〜武田尾間の旧線区間は、武庫川の渓谷沿いに敷設されていた。貨物列車の先頭に立つDD54は中間台車を備える亜幹線用のディーゼル機関車。旧西ドイツの会社で設計された機関、変速機を備えていた。◎1974年1月13日

DD51に牽引される旧型客車の普通列車。非電化時代の福知山線では、オハ35系やスハ43系等の旧型客車が旅客列車の主力だった。ほとんどの列車が大阪まで乗り入れていた。◎宝塚〜生瀬　1978年3月26日

1981(昭和56)年4月に福知山線の塚口〜宝塚間が電化開業した。同時に新製車で投入された103系が6両編成で運転を始めた。東海道本線を走る姿も見られ、関西地区の103系に新しい色が加わった。◎川西池田 1982年9月4日

福知山線を行くキハ58の気動車急行「だいせん」。大阪と益田、浜田、豊岡、大社線大社と山陰路の主要駅を結ぶ編成が併結されている。そのため、編成中の離れた位置にグリーン車キロ28が2両入っている。◎宝塚〜牛瀬 1978年3月26日

1977（昭和52）年より、旧国鉄は新系列一般型気動車の導入を始めた。キハ47は片運転台で両開きの扉を4か所に備える近郊型。最初の落成車は福知山に配属され、山陰本線福知山〜京都間で営業運転を始めた。◎1978年3月26日

加古川線

Kakogawa Line

　兵庫県を南北に結ぶ加古川線は、山陽本線の加古川駅を起点に、福知山線の谷川駅に至る48.5キロの路線である。全線が単線であり、現在は全区間が電化されている。現在のようなJR(旧・国鉄)になる前、この路線を敷設したのは、私鉄の播州鉄道である。1913(大正2)年にまず、加古川～国包(現・厄神)間が開業。その後、西脇駅まで延伸した後、1923年に播丹鉄道に譲渡された。翌1924年に谷川駅までの全区間が開業し、1943(昭和18)年に国有化されて加古川線となった。

　この加古川線は、戦後も蒸気機関車が牽引する列車が運行されていたが、1958(昭和33)年、旅客列車は気動車に統一された。1972年に蒸気機関車は姿を消し、無煙化が実現した。2004(平成16)年に全線が電化された。

　この地域(播磨地方)にはかつて、播州鉄道が路線を開通させた後、国鉄になった高砂線、三木線、北条線、鍛冶屋線で、ローカル列車が運行されていた。しかし、北条線が北条鉄道となって残った以外は、すべて廃止されている。加古川線は1995(平成7)年に発生した阪神・淡路大震災の際には、播但線とともに山陽本線のう回路の役割を果たした。その後、この役割を強化するため、電化が実現し、現在も運行が続けられている。

加古川駅構内のC11 199号機。1960年代半ばに竜華機関区から加古川線管理所(後の加古川気動車区)に転属して来た。高砂線での貨物列車牽引等で運用され、高砂線が無煙化された1972(昭和47)年に会津若松機関区へ移った。◎1970年頃

加古川に気動車区が置かれ、旅客列車は早い時期に気動車化されていた加古川線。しかし貨物列車は昭和40年代の半ばまで蒸気機関車が牽引した。C11199号機は主に、加古川を起点としていた高砂線で運用された。◎1971年12月15日

播但線

Bantan Line

　兵庫県内を走るローカル線である播但線は、山陽本線と山陰本線を結ぶ「陰陽連絡線」の1本である。現在は姫路～寺前間が電化されて、大阪～鳥取間を結ぶ特急「はまかぜ」のルートとなっているが、全線が単線であり、蒸気機関車が走っていた時代には、その雄姿を求めて多くの鉄道ファンが押し寄せたこともある。

　日清戦争が勃発した1894(明治27)年、播但鉄道により姫路～寺前間が開業、その後も北(山陰)側に向かって路線は延伸し、1901(明治34)年に新井駅まで開通した。1903年に播但鉄道から山陽鉄道に譲渡された後、1906年に和田山駅までの全線が開通している。なお、最初の開通区間の姫路～寺前間が現在の電化区間である。播但線では、この寺前駅を挟んだ姫路側の電化区間、和田山側の非電化区間に分かれ、それぞれで、旅客列車が運行されている。姫路近郊の電化区間には高校などが多く、朝夕には2両のワンマン列車が混雑した状態で運行されている。

　この路線を走る看板列車は、大阪～鳥取間で運行されている気動車の特急「はまかぜ」で、以前は福知山線を経由した特急「まつかぜ」の存在があったものの、現在は城崎温泉～鳥取間を走る唯一の特急となっている。現在は、長年活躍したキハ181系に代わり、キハ189系が使用されている。

沿線にススキが揺れる秋の里山を行くのはD51が牽引する客車列車だ。145号機は末期こそ山陰本線西部で運用されたが、長らく奈良、亀山区等に所属した関西で馴染みの機関車だった。

煙突に細身の集煙装置を取り付けたC57は、蒸気機関車末期の播但線でよく見られた。94号機は、1965年に北陸本線の電化進展に伴い、長年住み慣れた金沢、富山地区から煉瓦車庫の建つ豊岡機関区和田山支所へ転属した。

播但線では蒸気機関車の現役末期には旅客用機関車のC57が貨物列車を牽引していた。11号機は九州の門司機関区に所属していた頃、特急「かもめ」等の優等列車を牽引した実績を持つ。切取り式の除煙板は九州時代の名残だ。◎1971年11月30日

発車時間が迫っているのだろうか。播但線寺前駅でC57が黒煙を噴き上げ始めた。11号機は北九州地区で優等列車の牽引に活躍した時代の名残として、小倉工場式の切取り型除煙板を最期まで装備していた。◎1971年11月14日

C57を始めとしたパシフィック機が客貨に活躍してきた播但線は、1972（昭和47）年10月1日に無煙化された。引退を前に9月の2週にわたって機関車三重連が牽引する「さよなら列車」が運転された。◎1972年9月24日

地方路線の気動車化が進む中、1980年代になっても日中に普通客車列車が残っていた播但線へ、新製の50系客車が旧型客車の後継として投入された。斬新な車体の色から「レッドトレイン」と呼ばれた。◎1978年6月30日

3章 山陽本線、山陰本線の沿線【播但線】

高砂線

Takasago Line

　高砂線は1984（昭和59）年に廃止されており、現在は存在しない路線である。その起源は私鉄の播州鉄道で、1913（大正2）年に加古川〜高砂口間が開業した。その後、国鉄と連絡する高砂駅を経由して、高砂浦（後の高砂港）駅まで延伸した。1923（大正12）年に播丹鉄道に譲渡され、1943（昭和18）年に播丹鉄道が国有化されて、高砂線となっていた。

　もともとは、加古川の舟運に代わる貨物輸送を担っていた鉄道であり、戦後には沿線に国鉄の高砂工場も置かれていた。北側の起終点である加古川駅は山陽本線、南側の主要駅である高砂駅は山陽電鉄との連絡駅であり、この2本の路線が神戸・姫路方面と結ばれていたため、高砂線の利用客は少なかった。また、地元の神姫バスの運行本数も多く、第三セクター鉄道への移動も実現せず、高砂線は開業から70年余りで廃止となった。

　国鉄の高砂工場は、1941（昭和16）年に大阪陸軍造兵廠播磨製造所として設立され、1946（昭和21）年に大阪鉄道局鷹取工機部高砂分工場となり、翌年に高砂工機部として独立。一時は1,000人以上の従業員が働き、気動車や客車、貨車の検査、車体の改造、修繕などを担当していた。1984（昭和59）年に主要業務は終了し、1985年に鷹取工場に統合された。

加古川線、三木線、高砂線等で使用される気動車が所属していた加古川気動車区。朱色5号一色への塗装が進んだ旧国鉄時代末期の陣容は、キハ30、35等の通勤型やキハ20系等の車両が集められていた。◎1980年9月15日

山陽本線加古川と播磨灘沿岸の工業都市高砂を結んでいた高砂線。1984（昭和59）年に廃止されるまで、短編成の気動車が日中2時間に1往復程度の頻度で運転されていた。◎野口〜加古川　1982年11月14日

終点の高砂周辺に大手メーカーの工場へ続く専用線がいくつもあり、貨物列車が運行されていた高砂線。地方路線の客貨車牽引にDE10が台頭していく中で、長らくDD13が使用されていた。◎野口〜加古川　1982年11月14日

野口昭雄（のぐち あきお）

1927（昭和2）年12月大阪生まれ。
1945（昭和20）年3月大阪商業学校を卒業、日本国有鉄道に入職し、吹田工場に勤務。
1951（昭和26）年3月摂南工業専門学校（現・大阪工業大学）電気科を卒業。
1979（昭和54）年、国鉄吹田工場を退職後、国鉄グループ会社（現・JR西日本グループ）の関西工機整備株式会社に1994（平成6）年まで勤務。
永年にわたり鉄道友の会会員。同会の阪神支部長等を歴任。

【写真解説】
牧野和人（まきの かずと）

1962（昭和37）年三重県生まれ。鉄道写真家。京都工芸繊維大学卒。月刊誌「鉄道ファン」で鉄道写真の可能性を追求した「鉄道美」を連載。弊社等から著書多数。

【路線解説】
生田誠（いくた まこと）

1957（昭和32）年京都市生まれ。東京大学文学部美術史学専修課程修了。産経新聞大阪本社、東京本社文化部記者を経て現在は地域史研究家。弊社等から著書多数。

1970年代〜80年代
関西の国鉄アルバム

発行日･･････････････2018年5月7日　第1刷　　※定価はカバーに表示してあります。

著者･･････････････････野口昭雄
発行者･･････････････茂山和也
発行所･･････････････株式会社アルファベータブックス
　　　　　　　　　〒102-0072　東京都千代田区飯田橋 2-14-5　定谷ビル
　　　　　　　　　TEL. 03-3239-1850　FAX.03-3239-1851
　　　　　　　　　http://ab-books.hondana.jp/

編集協力･･････････････株式会社フォト・パブリッシング
デザイン・DTP ･･･････柏倉栄治
印刷・製本･･････････････モリモト印刷株式会社

ISBN978-4-86598-836-9 C0026
なお、無断でのコピー・スキャン・デジタル化等の複製は著作権法上での例外を除き、著作権法違反となります。